一脚踏进美食世界

美国世界图书出版公司 / 著　　柳玉 / 译

U0183776

玉米

电子工业出版社
Publishing House of Electronics Industry
北京·BEIJING

目 录

写在前面

　　这本书里有一些可以让你"一口吃遍世界"的美味菜谱。开始阅读之前，请先翻到第47页看一下温馨提示。仔细阅读书中的菜谱，在使用刀具或燃气灶时记得一定要找成年人来帮忙。另外，团队协作会使做饭这件事变得更简单也更有趣。快来试试吧！

想不想来一场食物大冒险？就让我来做导游吧，带你踏上这段环游世界的美味旅程，让你对我有一个全方位的了解……

我就是

玉米！

这绝对是让你咂巴嘴的美好旅程，我都等不及要开始了！

在我们环游世界的旅程中，你或许会遇到一些新的词汇。如果用简单的语言就能解释清楚，我会在你读到这个词语的地方直接加以解释；如果这个词语我用了很多次，或者解释起来比较麻烦，我会把这个词加粗并变色（看起来像这样的字体）显示。加粗显示的词汇会在本书末尾的词汇表中给出详细释义。

什么是

玉米？

玉米是一种和小麦、水稻、燕麦以及大麦有着远亲关系的谷物。有一些地方，玉米也被叫作Maize。

Maize是印第安语，意为"圣母"或者"生命赋予者"。居住在现墨西哥地区的印第安人，在数千年前就学会了如何种植玉米，这也是玉米被称为印第安玉米的缘由。但现在，印第安玉米仅指那些能长出五彩玉米棒的玉米品种。

> 我也是普通草坪草的亲戚，就像公园里草坪上的草或者高尔夫球场上的草一样。

这些地方有黄金！

有时玉米被称为"草原黄金"，这是因为美国草原地区的农民靠种植玉米赚钱。美国的草原地区从得克萨斯州中部向北延伸至蒙大拿州的部分区域和北达科他州。

是蔬菜还是粮食？

如果在甜玉米尚未完全成熟的时候收割，人们通常将它当作是一种蔬菜，这时，种植玉米就是为了吃新鲜的。如果是干玉米，用来喂牲畜或者是磨成玉米粉，那它就是一种粮食。但严格来说，玉米其实是一种粮食，因为它是一种草科植物的果实。

对于世界上很多国家的人来说，玉米和玉米粉是十分重要的食物。玉米粉是将干玉米研磨而成的。在美国，玉米粉可以用来制作粗粒玉米粥、玉米面包、松饼和黄金玉米球等美食。在墨西哥，人们用玉米粉制作一种叫作玉米饼的薄圆饼和一种叫作玉米粥的浓粥。

你知道吗？ 玉米的种类有上千种，然而在接下来的旅程中，我们只会探索其中比较常见的几个品种：马齿玉米、硬粒玉米、粉质玉米、甜玉米、爆粒玉米和糯玉米。

近距离观察玉米植株

玉米植株是从一粒种子开始它的生命旅程的。玉米种子由胚体、胚乳和种皮构成。胚体是种子长成新植株的部分；胚乳中大部分是淀粉，其中储存着玉米苗期生长所需要的养分；种皮是一层薄的坚硬外壳，保护胚乳和胚体免受伤害。

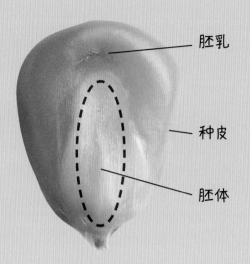

胚乳

种皮

胚体

根据品种的不同，玉米几乎可以在世界上大部分温带和热带地区种植，在夏季较长、温暖且日照充足的气候里长得最好。大部分玉米品种的生长周期为4~6个月，一般在四月或者五月初种植。

玉米植株平均能长到2.5~3米高，但有的品种只能长到0.9米高，有的则能高达6米。玉米大约需要60~100天才能长到可以收割的高度。

一株成熟（完全长大）的玉米植株由根、茎、叶和花穗组成。长在茎部顶端的花穗是雄花穗，玉米棒长在茎的中部，中间坚硬的部分是玉米的花轴，上面长着成列的玉米粒，外面紧紧包裹着一层叫作玉米皮的叶子。一株玉米植株上可以长一个或者多个玉米棒，每一个玉米棒尖上都有看起来像胡须一样的、长长软软的线状物，即雌花穗。

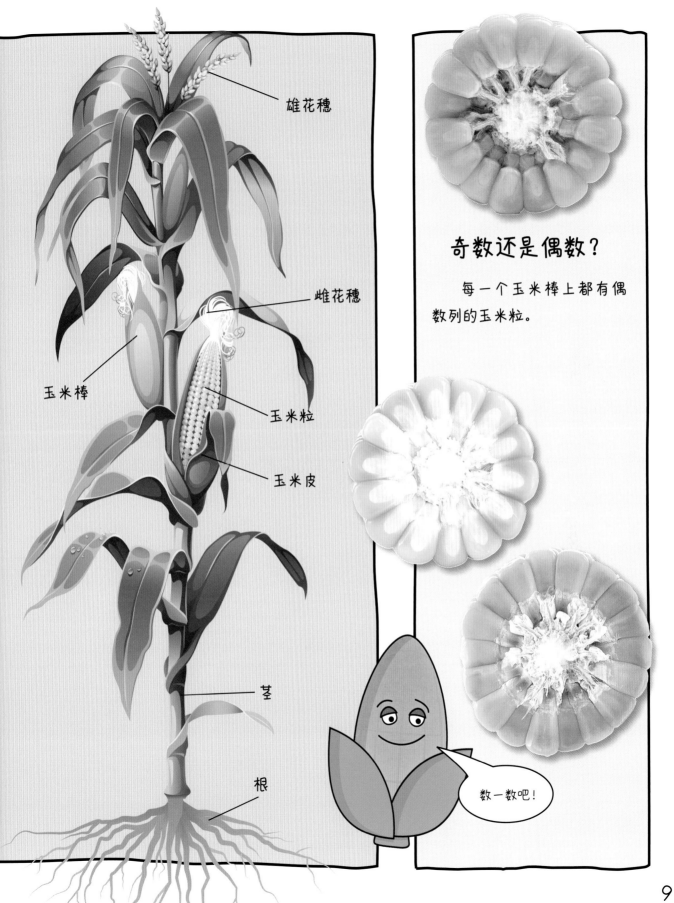

雄花穗

雌花穗

玉米棒

玉米粒

玉米皮

茎

根

奇数还是偶数？

每一个玉米棒上都有偶数列的玉米粒。

数一数吧！

玉米的起源

科学家们经研究推测，玉米是由数千年前生长在墨西哥的一种叫作大刍草的高草发展而来的。

在墨西哥西部的塞拉马德雷部分地区，至今仍有野生的大刍草。但大刍草的果实和现在的玉米果实很不一样，大刍草的果实很小，能生长5~10个颗粒。相比之下，现代玉米的玉米棒大很多，可以长数百个颗粒。

从图中可以看出，与现代玉米相比，大刍草的果实看起来小得多。

玉米最终传遍了南北美洲，美洲土著把玉米作为重要的粮食作物来种植。随着文明的传播，玉米也得到了广泛的传播，曾被阿兹特克人、玛雅人、印加人广泛种植。到15世纪末，美洲土著居民已经在遥远的阿根廷、智利和加拿大种植玉米了。

南极洲是唯一一个我不能生存的大洲哦！

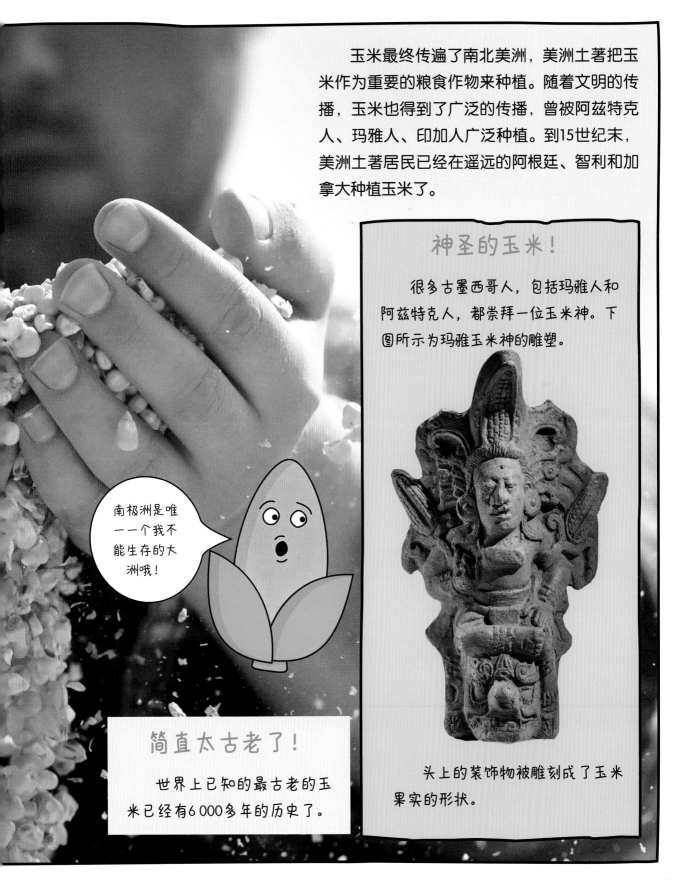

神圣的玉米！

很多古墨西哥人，包括玛雅人和阿兹特克人，都崇拜一位玉米神。下图所示为玛雅玉米神的雕塑。

头上的装饰物被雕刻成了玉米果实的形状。

简直太古老了！

世界上已知的最古老的玉米已经有6 000多年的历史了。

玉米曾是古玛雅人和阿兹特克人的主要食物

墨西哥

玛雅妇女用很多不同的方式来为家人们制作玉米吃食。她们会在玉米面团里包上肉，做成一种好吃的食物，口感类似我们现在常见的玉米粉蒸肉。

玛雅人还会用玉米制作一种叫作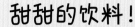的发酵饮料，他们会用蜂蜜来给巴尔切增加甜味，还会用巴尔切树的树皮来调味。

吃哪一个呢？我选不出来！

玛雅人和阿兹特克人认为玉米粉蒸肉是神圣的食物，所以日常中他们也会做一种薄薄的，我们现在称之为玉米饼的薄饼。数千年前，人们就开始制作玉米饼了。玉米饼是阿兹特克人饮食中的一种主食。

如今，玉米仍然几乎是墨西哥菜的主要原料。玉米饼是最受墨西哥人欢迎的食物，他们会把玉米做成玉米饼、玉米面粥、墨西哥卷饼、辣酱玉米卷饼、墨西哥玉米饼、玉米汤、玉米薄饼、炸玉米饼等。墨西哥人几乎每天都要搭配不同的菜肴吃玉米饼。

玉米饼不仅仅在墨西哥是一种主食，对于生活在危地马拉、洪都拉斯、尼加拉瓜和哥斯达黎加部分地区的人来说，玉米饼也是一种十分重要的食物。

试试这个!

玉米饼越来越受到全世界人们的喜爱,在美国,玉米饼是从快餐店到大饭店等很多餐馆的热门菜,有很多人喜欢吃玉米饼。

玉米饼

分量:7人份

配料

1¾杯马萨玉米面粉(干玉米粉)　　　　　1⅛杯水

步骤

1. 拿一个中等大小的碗,倒入马萨玉米面粉,加热水混合,搅匀至没有干粉。把面粉团放到干净干燥的案板上,用手揉面,根据面团的干湿情况,酌量添加水或马萨玉米面粉,直至面团变得光滑有弹性。给面团包上保鲜膜或者铝箔纸,醒发30分钟。
2. 中火预热一个煎锅或者烤盘。
3. 把面团分成15个大小均匀的小面团,把每个小面团放到两张保鲜膜中间,用手或者擀面杖压平。
4. 把一张玉米饼放入预热好的煎锅或者烤盘里,煎30秒,或者煎至它变成褐色且稍微鼓胀起来。翻面,再煎30秒,或者同样煎成褐色后,把饼装到盘子里。其他面团也按照这个做法煎好。用毛巾盖好,保温保湿,然后就可以享用啦!

嗯嗯,玉米饼做好了吗?

15

向北传入
美国

美国是世界上主要的玉米生产国和出口国。美洲土著居民在英国殖民者到达北美之前已经种了几千年的玉米，他们将玉米介绍给殖民者并教会他们如何种植玉米，如何用玉米制作玉米面包、炸玉米饼、玉米汤和玉米布丁等美食。1621年，殖民者在普利茅斯殖民地即现在的马萨诸塞州举办了首个感恩节宴会，还邀请了美洲土著居民来做客，宴会上吃的就是玉米。

你知道吗？ 1613年，英国殖民者绑架了一位美洲土著大酋长的女儿波卡洪塔丝，他们向酋长索要一船玉米作为赎回她的赎金！

在17世纪至18世纪，玉米成为殖民地的一种基本食物。到了19世纪，美国对玉米的需求量急速增长，玉米又成了一种主要的经济作物。现在，美国的玉米大部分产自位于其中西部被称为"玉米带"的区域。玉米带覆盖了伊利诺伊州、印第安纳州、艾奥瓦州、密歇根州、明尼苏达州、密苏里州、内布拉斯加州、俄亥俄州、南达科他州和威斯康星州的部分地区。

等等，等等，你说什么？我听说没有数学题啊……

让我们做一些有关玉米的数学题吧！

3立方米的玉米堆可以产出大约7 280 000颗玉米粒！

货币！

早期，美国殖民者认为玉米非常珍贵，以至于他们用它作为货币来交易肉和动物皮毛等其他物品。

你知道吗？ 在美国，每年感恩节的第二天是国家玉米日，是美国人为了庆祝玉米特殊作用的节日。

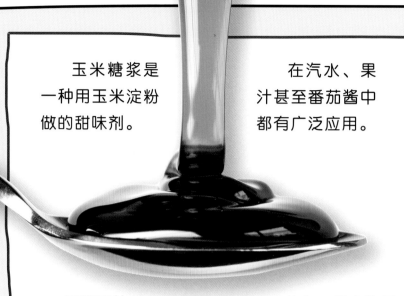

玉米糖浆是一种用玉米淀粉做的甜味剂。

在汽水、果汁甚至番茄酱中都有广泛应用。

甜玉米！

玉米糖里含有玉米糖浆，是美国万圣节期间最受欢迎的糖果之一。吉利贝糖果公司一小时能生产1600千克玉米糖。

玉米无处不在！今天，美国人吃的每一种食物里几乎都含有玉米。举例来说，玉米淀粉常用于制作快餐食物，比如炸玉米肉饼、汉堡肉饼、鸡块和其他一些快餐店里售卖的食物都含有玉米淀粉，而大部分薯条是在含有玉米成分的油里炸制而成的。很多日常食物，像汤、布丁、酸奶、蛋黄酱和肉汁里都含有玉米成分。

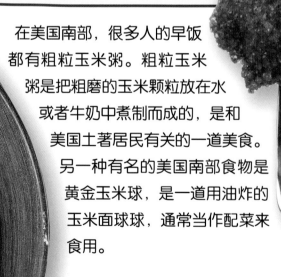

在美国南部，很多人的早饭都有粗粒玉米粥。粗粒玉米粥是把粗磨的玉米颗粒放在水或者牛奶中煮制而成的，是和美国土著居民有关的一道美食。另一种有名的美国南部食物是黄金玉米球，是一道用油炸的玉米面球球，通常当作配菜来食用。

街头小吃：烤玉米

　　烤玉米是一道街头小吃，在墨西哥和美国都很受欢迎，是一种便宜且做法比较简单的食物，一般是将玉米穿在小木棍上，烤熟后涂上黄油、酸奶油或者蛋黄酱，再撒上干奶酪、辣椒粉和酸橙或者柠檬汁。

　　蒂莫特奥·弗洛尔·德诺帕尔，一个传奇的街头小贩，他更为人熟知的名字是"卖玉米的人"，曾在加州洛杉矶的林肯中学附近卖了30年烤玉米。有时候，在他的小摊前买烤玉米的人多到沿着街区排队。

简直太好吃啦！

世界上"最玉米"的景点

　　美国南达科他州的米切尔市，有着至今世界上唯一的一个玉米宫。玉米宫建于1892年，是米切尔的主要旅游景点。热情友好的导游会提供免费的导览，讲解了不起的历史故事。游客们可以观看有关玉米宫的故事以及如何种植玉米的视频。

　　每一年，当地的艺术家都会用色彩丰富的巨大壁画来装饰玉米宫的水泥外墙。这些壁画是由数十立方米的玉米粒、其他谷物和草做成的。每年，米切尔市都会在玉米宫举办牛仔节和玉米宫节的活动。

大家都爱玉米热狗！

　　很多国家的人都喜欢吃玉米热狗。澳大利亚人管玉米热狗叫"油炸热狗"。在阿根廷，玉米热狗是用奶酪做的，一般在火车站售卖。而对于新西兰和韩国人来说，玉米热狗就是热狗。

试试这个！

玉米热狗是一种很有趣的美国小吃，一般在州或县举办的博览会和节日上售卖。玉米热狗是把热狗串在小木头签子上，裹上玉米面糊后油炸而成的。

玉米热狗

分量：16人份

配料

1杯黄玉米面

1升植物油（油炸用）

1杯全面粉

¼茶匙盐

16根法兰克福牛肉香肠

1杯牛奶

⅛茶匙黑胡椒粉

¼茶匙砂糖

4茶匙小苏打

16根小木头签子

1个鸡蛋

步骤

1. 将玉米面、面粉、盐、黑胡椒粉、糖和小苏打倒入一个中等大小的碗中混合，搅入鸡蛋和牛奶。
2. 把油倒入一个深平底锅中，中火预热。将木头签子插入香肠中。把香肠放入面糊中滚动，直至全部裹上面糊。
3. 开始炸玉米热狗，每次炸三个。炸大约3分钟直至变成浅褐色，从油锅中取出热狗放在厨房用纸上，吸去多余的油。

太美味了！

让我们庆祝吧！

在美国，玉米热狗日是每年三月的第三个星期六。

玉米的超市之旅

人们会单独食用玉米，也会将玉米作为各种各样食物中的一种重要成分。超市里有数百种含有玉米或者用玉米制成的食物，其中包括早餐麦片、花生酱、汤料、人造黄油、糖浆、玉米淀粉、烹饪油以及薯条、芝士泡芙、糖果、饼干、冰激凌、棉花糖等零食和其他很多食品。

了不起的泡泡！

口香糖是用玉米做的！

在我们的购物之旅中，我们会看到，除了食物之外还有很多东西是用玉米和它的副产品制造出来的。这些非食品类的商品包括阿司匹林、洗衣粉、染色剂、胶水、墨水、电池、防锈剂、鞋油、香皂、建筑材料和纸制品等。

15世纪，玉米传入

中国人吃玉米的方式有很多，在中华饮食中，炒饭或者炒菜中经常会用到新鲜的甜玉米。玉米也会被用来制作奶油玉米杂烩、玉米汤、玉米面包甚至是玉米棒冰。

大米是中国南方人最喜欢的谷物，而北方人则更喜欢玉米和其他谷物。玉米棒子是很受欢迎的一种街头小吃，尤其是在北京。

不是吃玉米长大的哦！

中国现在每年的玉米产量在世界上排第二，仅次于美国。但中国人只吃其中的一小部分，大部分生产出来的玉米都是用来喂牲畜的。

玉米棒子真不错！

试试这个！

炒，是中国传统的烹饪方式，通常需要用到炒锅和锅铲，这种独特的烹饪方式在全世界的中餐馆都很流行。虽然米饭和面条是中国经典饮食的基础，但像炒米饭和一些炒菜中，也会将玉米作为主要配料。

松仁玉米

分量：4人份

配料

1茶匙马铃薯淀粉　　　　1杯冰冻玉米粒　　2茶匙植物油　　¼茶匙盐（或根据口味）

2汤匙鸡汤（液体调味剂）　¹⁄₃杯冻豆子　　　1汤匙葱末　　　½茶匙糖

¼杯松仁　　　　　　　　　　　　　　　　¹⁄₃杯胡萝卜丁

¹⁄₃杯黄瓜丁

步骤

1. 将胡萝卜和黄瓜切丁备用。
2. 快速搅拌马铃薯淀粉和鸡汤，放置一边备用。
3. 将松仁倒入煎锅中，开中火炒制。松仁开始变色后，转中小火，再炒制一分钟左右，直到松仁变成淡褐色。将松仁从煎锅倒入盘中，晾凉。
4. 在同一个锅中加入油，转中火，加入少许葱末翻炒。再加入胡萝卜、豆子和玉米，翻炒至玉米和豆子解冻，胡萝卜变软。加入黄瓜，再加入盐和糖调味。继续翻炒一分钟，直到黄瓜断生。
5. 关火。再搅拌一下马铃薯淀粉，然后倒入锅中，混合均匀。
6. 尝一下味道，如果需要可以再加一点盐。
7. 加入炒好的松仁，翻炒均匀。
8. 趁热享用。

提示：

如果想把这道菜做成一道素食菜，只需将鸡汤换成水。此外，为减少准备时间，可以购买已经切好的蔬菜。

玉米来到

日本

玉米在日本有着悠久的历史。1579年，葡萄牙人首次将硬粒玉米从南美洲带到了日本，TOMOROKOSHI是玉米在日本的名字，日本人主要将这种谷物用作牲畜饲料。

20世纪初，日本人开始在日本北部岛屿北海道大面积种植甜玉米。到20世纪中叶，甜玉米已经成为日本非常受欢迎的一种谷物。北海道最受欢迎的甜玉米小吃是玉米巧克力，它是在膨化玉米外面裹上巧克力制成的。

烤糖果？

在日本，你可以买到烤玉米口味的奇巧糖果棒。

太太太太甜啦！

在日本，不管它是新鲜的、冷冻的还是罐装的，甜玉米都是一种家庭主食，经常被制作成很多种食物，包括汤，天妇罗和炒菜。玉米汤是目前为止日本最受欢迎的汤菜或者玉米菜。

在富士山附近的忍野村，人们会在冬季将玉米棒子挂在室外的屋檐下或者架子上晾干，这是当地的一种传统。

日本是世界上最大的玉米进口国，其中大部分玉米来自美国。

你知道吗？日本人喜欢吃玉米比萨！不仅如此，玉米还是日本汤面条——拉面里的一种常用配料。

和很多其他国家一样，玉米棒子也是日本人户外烧烤或者夏季节日时的食物首选。日本人喜欢先把玉米棒子煮熟，然后再烤。烤的时候加上味噌酱或者酱油，吃起来味道咸咸甜甜的，特别好吃。

世界上主要的玉米和其他粮食生产国

巴西

巴西人超爱吃玉米，管玉米叫青玉米，会用玉米做很多菜肴和甜点，像蒸玉米饭，也叫蒸甜玉米粉，是由黄粗玉米粉、椰蓉和甜味炼乳蒸制而成的。

巴西人最爱的还有玉米面包、玉米蛋糕、煮玉米棒子、玉米布丁、爆米花、玉米冰激凌和其他很多美食。与美国不同的是，巴西人做饭用的不是甜玉米而是大田玉米（马齿玉米或者叫硬粒玉米）。

做玉米布丁可不能少了我哦！

巴西粽是巴西的一道国菜，是把玉米面糊用新鲜玉米皮包上后煮熟。巴西粽可以是开胃菜，也可以做成甜的，作为正餐、零食或者甜点食用。可以冷着吃也可以热着吃，可以吃原味的也可以包上馅料吃。

巴西粽（玉米粉糊）

分量：8人份

配料

1杯玉米粉　　　3杯水　　　¼茶匙盐

步骤

1. 将玉米粉、1杯冷水和盐倒入一个中等大小的平底锅中，搅拌均匀。再加入2杯热水，中火加热，不停搅拌，烹制5~7分钟直至面糊变黏稠。

2. 如果是作为麦片，用勺子将玉米面糊舀入碗中，根据需要加入牛奶和糖食用。巴西粽的传统做法是用玉米皮包上玉米面糊后煮熟，但也可以油炸着吃。如果是炸着吃，把玉米面糊倒入一个面包盘中，完全晾凉后将面糊倒出来，切成片。在锅中放入少量油，用中高火炸至两面金黄捞出，与黄油、糖浆或者蜂蜜一同食用即可。

试着和黑咖啡一起吃吧，这可是传统吃法！

玉米来到
委内瑞拉

委内瑞拉的国菜是芭蕉粽，它是一种有咸味（或者辣味）和甜味的粽子。芭蕉粽通常只在圣诞季节制作，或者当作圣诞前夜的礼物。芭蕉粽是用玉米面团做成的，里面会包上各种肉类或者其他食物，用一种香蕉叶包裹并用线绑紧，然后蒸熟。一些历史学家认为，芭蕉粽起源于17世纪。

芭蕉粽的制作过程可以持续一整天，而且需要全家人的参与。家庭成员们在制作过程中组成了一条流水线，并以制作芭蕉粽为荣。

没有芭蕉粽，圣诞节就不是圣诞节咯！

你知道吗？

一根玉米棒上最多可以有超过800颗玉米粒。

委内瑞拉饮食中的一个基本组成部分是一种叫作阿雷帕的圆形玉米饼，常通过烘焙、油炸或者烤制而成，有时人们会用它代替面包食用。一般吃法是从中间切开，夹上肉、奶酪等各种食物一起食用。

玉米的种类

玉米的种类多达上千种，但主要的有六种，分别是马齿玉米、硬粒玉米、粉质玉米、甜玉米、爆粒玉米和糯玉米。下面就让我们来看一下这几种玉米吧。

大部分的农民用马齿玉米来喂牲畜，偶尔也会用硬粒玉米当作饲料。人们常吃的是硬粒玉米，很多人会在秋天用硬粒玉米来装饰房子，硬粒玉米也叫作印第安玉米。

粉质玉米是最古老的玉米品种之一，其玉米粒有很多种颜色，但大部分是白色或者蓝色的，人们种植这种玉米通常是留着自己吃的。粉质玉米一般在美国、南美洲和南非的部分地区种植。

更多种类的玉米

甜玉米是玉米里最甜的品种，很多人喜欢将其煮熟或者烤熟了之后直接从棒子上吃。也可以先将玉米粒从棒子上掰下来，然后做熟了吃。还有罐装或者冷冻包装的甜玉米粒，方便人们备餐。

糯玉米常被用于制作速溶布丁、肉汁和酱汁以及胶水的增稠剂，人们用它将东西粘在一起。

猜字谜：玉米宝宝对玉米妈妈说什么了？
答案：我的玉米爸爸呢？哈哈哈！

爆粒玉米的玉米粒很硬，实际上是一种硬粒玉米。爆米花是一种很受欢迎又特别健康的零食。爆粒玉米的玉米粒加热后柔软的米粒中心膨胀充满空气，会爆炸外翻，使之变成一种膨化食品。人们一般吃原味的，也可以用盐、黄油、焦糖或者奶酪进行调味。美国土著居民一千多年前就开始种植爆粒玉米了，现在世界上的大部分爆粒玉米都产自美国。

哥伦布到达
古巴

在哥伦布到来前，古巴和整个美洲一直都有种植玉米，但是欧洲人对玉米却一无所知。1493年，哥伦布在回西班牙的时候，带回了一些古巴玉米种子。

后来，探险家们将玉米从美洲带到了世界上的很多地区。到16世纪末，在非洲、亚洲、南欧和中东，玉米已经是一种非常成熟的农作物了。

两种更好！

很多古巴市场里售卖的玉米主要有两种，一种是磨成粉的，一种是整穗的。一些古巴菜里会用到玉米或者玉米粉，像汤（炖玉米）和古巴粽子。古巴粽子是用玉米面做的，比墨西哥粽子小得多。做古巴粽子的时候，肉是和玉米面混合在一起的，而不是像墨西哥粽子那样，用肉做馅料。

你知道吗？在古巴，如果玉米是用来当作食物的话，在完全成熟之前即灌浆期就会被收割，这时的玉米粒大部分变黄了，但因未完全成熟，里面会有白色的乳状液体。玉米完全成熟之后就会被用作饲料。如果玉米被留在玉米秸秆上变干，就会被磨成玉米粉。

两种比一种好！

古巴人通常种两种玉米，但没有甜玉米。一种叫作克里奥尔玉米，是一种硬质玉米类品种，也是古巴最普遍的种植品种。另一种叫作吉巴拉玉米，长有很大的玉米穗。

非洲玉米的种植
比其他任何作物都广泛

南非是非洲大陆主要的玉米生产国之一，玉米是南非最重要的粮食作物。在南非，玉米被称作Mealie。

玉米最开始是由葡萄牙人从美洲带到非洲大陆的。在17世纪，玉米被北非原住民带入南非，他们教现在的南非居民种植玉米和蔬菜。

你是我的孪生兄弟吗？

试试这个!

很多南非人的基本食物就是玉米,玉米经常被做成一种叫作Pap的软粥食用。Pap是用玉米粉做成的,和美国的粗粒玉米粥很像,可以搭配咸肉或者炖素菜一起吃,可以趁热吃也可以凉着吃。

玉米软粥

分量: 6人份

配料

4汤匙黄油　　　1罐淡奶　　　2杯甜玉米粒,沥干水分

1杯剁碎的洋葱　3杯鸡汤　　　1茶匙盐

2个番茄,剁碎　　　　　　　1茶匙黑胡椒粉　2杯玉米羹

步骤

1. 在一个大平底锅中,用中火熔化黄油。
2. 加入洋葱,炒制5分钟。
3. 加入番茄,炒几分钟。
4. 加入玉米、淡奶、鸡汤、盐和黑胡椒粉,炖15分钟。
5. 趁热吃,可以搭配饼干一起食用。

玉米被传入

菲律宾

菲律宾农民为菲律宾人提供了大部分食物，玉米是菲律宾第二重要的粮食作物，仅次于大米。五个菲律宾人中就有一个人将玉米作为主食食用。但菲律宾人大概只食用了本国玉米产量的21%，其他大部分玉米被用作了家畜和家禽的饲料。

你知道吗？ 新鲜玉米棒在室温下储存6小时之后，就会损失大概一半的糖分，这些糖分转化成了淀粉。

在我身上你会更甜吗？

白玉米还是黄玉米？

在菲律宾，白玉米是最受欢迎的玉米品种。它的玉米粒小小的、甜甜的，一般烤着吃或者煮着吃。另一种种植较多的玉米品种是黄玉米，黄玉米比白玉米个头大，主要用来当作饲料。黄玉米也可以吃，但颗粒又干又硬。

你知道吗？ 在菲律宾，煮玉米是全国上下都很受欢迎的街头小吃，一般用盐和黄油调味后直接食用。或者是把玉米粒装在杯子里，加上奶酪粉和黄油拌着吃。

41

玉米的用途

玉米是世界上最重要的农作物之一，有超过3 500种用途。

玉米作为一种食物，有着非常高的营养价值，它富含脂肪、蛋白质和维持人体健康所需要的其他物质。在人们的饮食中，玉米是主要的能量来源之一。我们的一切活动都需要能量，像走路、说话、工作、玩耍、读书，甚至思考和呼吸都需要能量。

玉米粒可以很简单地直接食用，也可以用来做沙拉酱、焙烤食品、婴儿食品和其他很多食品。

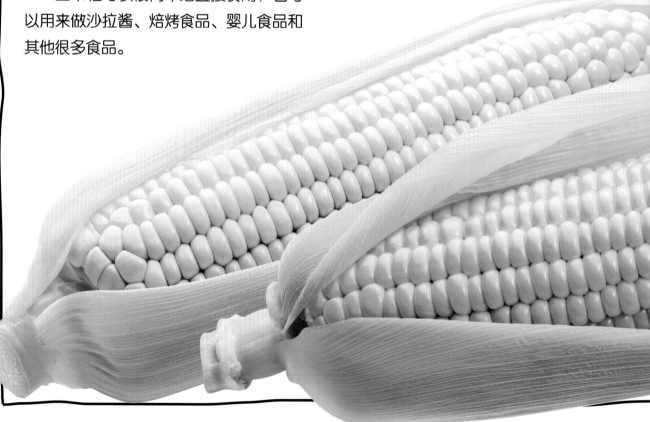

玉米是农场动物的主要饲料，很多国家的农民都用大量的玉米来饲养牲畜。宠物食品中通常也含有玉米。

每年，美国生产的玉米大约有一半会变成猪、牛、羊和家禽的饲料，农场动物们也会吃玉米的秸秆和其他部位。人们则以肉、蛋和奶制品等形式，间接食用了喂给牲畜们的玉米。

你要知道，我可不仅仅是鸡饲料哦！

石头玉米穗

美国国会大厦的石柱上就雕刻着玉米穗。

还可以用玉米做更多的事！

包括购物袋在内的很多塑料制品都是用玉米做的，被称之为玉米塑料，是可回收可降解的。也就是说，与已经在很多国家被禁止使用的油基塑料不同，玉米塑料可以被回收再利用，也可以在环境中自然降解。玉米塑料也被用来制作一些塑料餐具、咖啡杯、运动水杯，甚至是T恤衫。

玉米正在治病！

玉米也被用于生产一些药品，像杀菌药物盘尼西林以及其他抗生素药品。

玉米糖浆味甜可口，是止咳糖浆、硬糖和棒棒糖的主要配料之一。它还被用于制作焦糖、果冻和棉花糖，使它们吃起来更有嚼劲。对于止咳糖浆厂家来说，使用玉米糖浆收益更高，因为它比白糖便宜。

这简直太让我震惊了！

你知道吗？烟花里也有玉米。

踩油门咯！

在美国，一些汽车用的汽油里会含有一种用玉米做的酒精。这些天然的燃料被称为生物燃料，有助于提高汽油的性能，降低空气污染。

玉米也有很多工业用途，可被用来制作颜料、塑料、陶瓷、化妆品、炸药、药品、纸制品、肥皂、指甲油、纤维、建筑材料以及其他数百种产品。

玉米产品可以给孩子们玩的各色蜡笔定型，还可以把蜡笔外面的纸质标签粘在蜡笔上。

趣味问答

刚刚跟随玉米完成环球旅行之后，你还记得多少知识内容呢？来回答下面这些有趣的问题吧，答案是前面出现过的国家或地区的名称。

1. 哪里的人们习惯把玉米放到比萨上面食用？

2. 在哪里玉米被称作mealie？

3. 哥伦布在哪里被介绍认识了玉米？

4. 在哪里玉米粉蒸肉被认为是神圣的食物？

5. 煮玉米在哪里是非常受欢迎的街头小吃？

6. 在哪里被称为阿雷帕的圆形玉米饼是人们饮食的基本组成部分？

7. 新鲜的甜玉米在哪里被混合到炒饭或炒菜中？

8. 哪里种植生产的玉米最多？

9. 用玉米面糊制作的巴西棕是哪里的国菜？

答案：

1. 日本
2. 南非
3. 古巴
4. 墨西哥
5. 非律宾
6. 委内瑞拉
7. 中国
8. 美国
9. 巴西

词汇表

芭蕉粽： 一道委内瑞拉的圣诞节菜肴，用玉米面团包上肉和其他食材，外面用芭蕉叶包好，绑好后蒸着吃的一种粽子。

巴尔切： 一种玛雅人制成的发酵饮料，用玉米制作，用蜂蜜和巴切尔树的树皮调味。

粗粒玉米粥： 一道美国菜，粗磨玉米用水或者牛奶煮熟即可，一般作为早饭食用。

大刍草： 一种产自墨西哥及中美洲，和玉米有关的高草。

黄金玉米球： 一种油炸玉米球，通常用来做配菜。

烤玉米： 穿在小木棍上烤的玉米棒子，可以涂上黄油蛋黄酱等，再撒上干奶酪或者辣椒粉，一种街头小吃。

辣酱玉米卷饼： 玉米饼里卷上碎肉或者奶酪，外面涂着辣椒酱。

墨西哥卷饼： 一张大玉米饼，里面包着奶酪、豆子、蔬菜、米饭和辣椒酱。

墨西哥玉米饼： 一种叠起来的，包着简单的馅料的玉米饼。一般里面有奶酪，炸着吃。

墨西哥粽子： 墨西哥美食，用玉米面和肉馅制作。用红辣椒调味，外面包上玉米皮，烤或蒸着吃。

天妇罗： 一种日本食物，把海鲜或者蔬菜裹上面糊油炸而成。

玉米薄饼： 油炸玉米饼里面包着肉、奶酪、豆子、西红柿、生菜和酱料。

玉米饼： 一种用玉米面或者玉米粉做的薄薄的圆饼。

玉米面粥： 一种用玉米面做成的很受欢迎的墨西哥黏稠热饮；说西班牙语的美洲国家用印第安玉米面做成的一种粥。

玉米汤： 一种用玉米饼、肉类和其他配料制作的墨西哥汤菜。

炸玉米饼： 一种玉米饼，油炸至酥脆，平铺上肉、奶酪、豆子、生菜和洋葱食用。

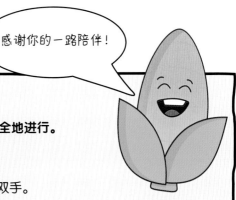

感谢你的一路陪伴！

温馨提示

在厨房处理食物时，请牢记这些提示，以确保你的工作顺利、安全地进行。接下来享用你制作的美味佳肴吧！

- 在开始准备食物之前、在接触过生鸡蛋或肉之后，都需要清洗双手。
- 彻底清洗水果和蔬菜。
- 处理火锅、平底锅或托盘时，请戴上烤箱手套。
- 使用刀具、燃气灶或烤箱时，请成年人来帮忙。

本书中文简体版专有出版权由WORLD BOOK, INC.授予电子工业出版社，未经许可，不得以任何
方式复制或抄袭本书的任何部分。

版权贸易合同登记号　图字：01-2022-6725

图书在版编目（CIP）数据

一脚踏进美食世界. 玉米 / 美国世界图书出版公司著；柳玉译. -- 北京：电子工业出版社, 2023.6
ISBN 978-7-121-45274-1

Ⅰ.①一… Ⅱ.①美… ②柳… Ⅲ.①玉米－少儿读物 Ⅳ.①TS2-49

中国国家版本馆CIP数据核字(2023)第071427号

责任编辑：温　婷
印　　刷：天津图文方嘉印刷有限公司
装　　订：天津图文方嘉印刷有限公司
出版发行：电子工业出版社
　　　　　北京市海淀区万寿路 173 信箱　邮编：100036
开　　本：889×1194　1/16　印张：24　字数：202 千字
版　　次：2023 年6月第 1 版
印　　次：2023 年6月第 1 次印刷
定　　价：208.00 元(全 8 册)

　　凡所购买电子工业出版社图书有缺损问题，请向购买书店调换。若书店售缺，请与本社发
行部联系，联系及邮购电话：(010) 88254888 或 88258888。

　　质量投诉请发邮件至 zlts@phei.com.cn，盗版侵权举报请发邮件至 dbqq@phei.com.cn。

　　本书咨询联系方式：(010) 88254161 转 1865，dongzy@phei.com.cn。